JC総研ブックレット　No.15

ヨーロッパ農業の多角化

それを支える地域と制度

和泉 真理◇著
市田 知子◇監修

巻頭言　多様化する現代の「生業」

市田 知子

生業（なりわい）。６つの事例報告を読んで、まずこの言葉が思い浮かびました。洋の東西を問わず、農家は動植物を育てるだけでなく、保存食を作り、燃料を作り、狩猟をし、時には商い、大工仕事をしたり、旅人に宿や食事を提供したりしてきました。本業である食料生産に対し、副業とも言われます。副業はその家の生計を助けるだけでなく、社会や自然環境の維持にもつながっていました。

ヨーロッパの共通農業政策は長年、一つの作物ないし畜産物をより多く作り、消費者により安く提供することを進めてきました。農業の「工業化」(industrialization)、つまり大量生産体制は、アメリカなどと世界市場を争う以上、避けられなかったとはいえ、過剰ゆえの廃棄、土壌や地下水の汚染、ＢＳＥなどの家畜感染症の蔓延をもたらしました。

著者が述べるように、農家の副業促進、すなわち経営多角化の背景としては乳価をはじめとする農産物価格の低下が大きいでしょう。それとともに、大量生産体制が生み出したさまざまな弊害があると思います。「工業化」

によって失われた食べ物の安全性や質、味、昔ながらの製法、希少種となった野菜、果物や家畜が尊ばれ、価値をもつようになったのです。

とくに都会に住む人たちにとっては、ふだん接する機会のない「田舎らしい」風景、牛や馬、食べ物が新鮮で魅力的に映るでしょう。自然豊かな広々としたところでゆっくりと過ごしたい、子どもをのびのびと遊ばせたいという欲求が募ります。農家の側ではそれをビジネスチャンスととらえ、母屋の空き部屋や納屋を客室に改築し、客用のシャワーやトイレを備えるようになりました。主婦は接客や料理の腕を磨くべく、研修に通います。ドイツには農業者のマイスター制度があり、農家民宿を上手に切り盛りする主婦の中には「家政のマイステリン」の資格を持っている人もいます。かつては「田舎らしさ」を売りにすればよかった農家民宿も、数が増えるとともに競争が激しくなり、レベルアップせざるをえなくなっています。農家民宿をランキングしたカタログやウェブサイトまであります。

さて、本書は２００９〜２０１４年に著者がヨーロッパ各地を訪ね、農家にインタビューをした際の記録に基づいています。経営の現状、その背景にある共通農業政策の具体的な内容はもちろんのこと、副業を始めたいきさつ、副業に対する思い、同宿した旅行者との朝食の様子などが、生き生きと描かれています。６つの事例は経営の規模や形態こそ異なるものの、家族経営である点で共通しています。

南ドイツで酪農を営むカタリーナさんの家は、８００年以上も前からこの地で牛飼いをしています（第５章）。夏季のみ標高千ｍ以上の高地（アルム）に牛を上げ、放牧する「アルム農業」という伝統的な農法を代々、続けています。そして、オメガアミノ酸が多く含まれるチーズやバターを作って直売し、子どもたちのための体験プログラムもこなしています。「アルプスの少女ハイジ」を思わせる美しい風景や美味しいチーズは、カタリーナさんのような農家の人たちの努力とともに政策の支援も大きいことがうかがえます。

オランダのポルダー（干拓地）で酪農を営むボーイェ農場では、娘さんが経営に加わるようになってからチーズ作りと販売に力を入れ、農場の一角を直売所に改造したそうです（第4章）。ハーブを使ったチーズやフレッシュ・グラス・チーズなど幾種類ものチーズを作り、差別化を図っているのでしょう。

チーズ以外にも、パン、ジャムなど、自家または近隣の農場でとれた農作物を使った手作りの品が食卓を彩ります。イタリア北部、フェラーラ市の農家民宿では、自家製の小麦で焼いたパン、野菜、果物、ジャム、地元名産のチーズやワインなどを提供し、一部は販売もしています（第2章）。フェラーラ市の場合、農家民宿に認定されるためには食事の35％以上が自家の農産物、80％以上が地元の典型的な食材でなければなりません。「さすがスローフード発祥の地」と垂涎するばかりですが、事例の農家には屋内、屋外のプール、セミナーハウスまで備えられており、高級ホテル並みの設備であることにも驚きました。この農家民宿を切り盛りするパオラ・ペドローニさんは、経営開始に先立ち専門学校に通ったとのことでした。

農家の副業、農業経営の多角化は中小規模の農家の所得源として政策上も重視されてはいますが、かといって必ずしも昔のような牧歌的な農業を営んでいるわけではありません。クリス・ステンヒュィセさん（30歳）はベルギーの首都、ブリュッセル近郊の農地60 haで酪農と畑作を営み、乳牛は60頭程度、子牛は１４０頭程度飼育する、ベルギーでは平均的な規模の経営です（第6章）。クリスさんの農場では自家製のアイスクリームやヨーグルトの販売のほか、毎週日曜日には見学者（グループツアー）を受け入れ、夏休みには「子牛からアイスクリームまで」という体験学習も行っています。妻、隣に住む両親も手伝いますが、酪農の仕事はクリスさん一人が担当しているため、全自動搾乳ロボット2台を使って省力化しています。1台で60頭に対応できるので、搾乳は一日に3回行うことができます。多額の投資をする一方で、太陽光発電と蓄電池による電力自給、雨水の利用など、節約にも努めています。クリスさんは二十歳で父親から経営を受け継いで以来、多角化と規模拡大を実現してきました。「農業は他の仕事より得るものが多い」という言葉に若い農業者の意気込みを感じました。

英国の事例報告からは、農業という産業と、農村という地理的・文化的空間がもはや別物であることがうかがえます。英国南部にあるブラウンツ・コート・ファームは、農家民宿のランクの中でも最上級の「五つ星」を持つだけあって、瀟洒なたたずまい、美味しい朝食に加え、サービスが行き届いています（第1章）。かつては280haの農地で酪農を営んでいましたが、12年ほど前に200haが担保にとられたことから営農を断念し、残りの80haも隣の農家に預けています。

英国農業省が進めている「経営多角化」には工芸品工房の開設、カシミヤ用羊などの家畜の導入、養殖業などが含まれ、農家の副業であるのと同時に、地域の雇用機会にもなることが目されています。さらに、第3章で紹介されているクラーク農場のように、古い農業用の建物を改築して住宅にし、都市の富裕層に販売または賃貸する場合もあります。この農場では500haの畑作と畜産（肉用牛、羊）を営む傍ら、農家民宿、住宅の賃貸を行っています。将来的には、中小企業に事務所として貸すことも考えているとのことです。

このように、英国では一部の大きな農家はますます規模拡大し、そのほかの農家は民宿などに専念することにより、地域全体としては農地や農村空間を守っています。ドイツ、フランスなどの大陸の国々でも、英国ほどではないにせよ、今日の農村では産業としての農業に従事する人たちはごく少数であり、多くの住民は農家、非農家、もと農家を問わず、自然豊かであり、かつ快適な居住空間としての農村に好んで住んでいると言ってもよいでしょう。

翻って、日本の農家や農村にも様々な可能性があると思います。依然、過疎化、高齢化は進んでいますが、最近では出身地でもない農村に都会から移住して、農業などで暮らしている若い人たちも現れ、注目されています。廃校寸前の小学校が都市からの移住者により廃校を免れた例、廃校がおしゃれな宿泊施設に生まれ変わった例、地元に伝わる食材やレシピで好評を博している農家レストランの例など、未だ「知る人ぞ知る」存在かもしれませんが、農村に新しい風を吹き込んでいます。欧州の事例に学ぶように、経営多角化は農家の所得向上にとどまらず、地域の魅力を見出し、磨き上げ、結果として地域の人口維持に結びつくのではないでしょうか。

はじめに：ＥＵの農業構造と農業経営の多角化

ＥＵ（欧州連合）全体には約１２００万戸の農家があり、２５００万人が農業に従事しています。統計値からこのＥＵの農家の平均像を示すと、経営する農地面積は14・３ha、家族経営で55歳より年配の男性が経営者であり、０・８労働単位を投入し、売上高は３３０万円、となります[1]。もちろん、この数値は各加盟国やその中の地域、作っている作目によって大きく異なります。例えば西欧・北欧の古くからの加盟国の平均経営農地面積は23・６haであるのに対し、近年加盟した中欧・東欧諸国では７・１haしかありません。ただし、いずれの地域でも農家数、農業従事者数は減少し、平均経営面積は拡大し、農家当たりの売上高は拡大しており、農家の経営規模の拡大が進んでいます。

現在のＥＵの農家のうち、経営農地面積が５haに満たない農家は70％を占めますが、その経営農地はＥＵ全体の農地の７％を占めるにすぎません。一方、経営する農地面積が１００haを超える農家は３％しかありませんが、ＥＵの農地面積の50％をこの農家で管理しています。また、その中間の規模である５～１００ha層は農家戸数で28％、農地面積の43％を占めていますが、大規模経営層が穀物生産と家畜の放牧がほとんどであるのに対し、中間規模層は、それに果樹、園芸、混合農業、畜産が加わり最も多様な農業を展開しているという特徴があります。

このように、ＥＵの農業は、少数の大規模経営と多数の中小規模経営が共存しているのです。

日本の農家（販売農家）のうち約６割は農外所得が主である第二種兼業農家です。ＥＵの農家も経営規模が５ha未満層では75％が農外での就業時間が農業での就業時間よりも多い兼業農家ですが、10haを超える層からは農家の主な従事者の多くは農業に専従しています。

日本からみるとＥＵの農家の平均農地面積の14・３haは大きいと感じますが、ＥＵの農家の競争相手である北米、南米、大洋州諸国での農家の平均規模が数１００haであることから比べると極めて小さい数値です。ＥＵの農家はＥＵから基礎支払いという面積や過去の生産実績に応じた直接支払いを得ていますが、農家は農産物の販売においてＥＵ外やＥＵ域内との競争に直接さらされています。近年の生乳に代表される農産物価格の低迷や燃料、肥料など農業資材価格の上昇、気象変動等による農産物価格の乱高下に直面し、最近ではロシアのＥＵからの農産物輸入の規制措置によって打撃を受けるなど、農家の経営環境は厳しく不安的な状況です。

これに対して、農家の持つ資源や生産された農産物などを活用して他の収入源を持つことが経営多角化です。農業経営の多角化は、農産物の販売への依存度を減らすことで農家経営を安定させることができると、ＥＵや各加盟国で推進されてきました。

日本で現在進められている農業の六次産業化と重なりますが、ＥＵの農家の経営多角化には非常に多様なメニューが含まれ、より広い概念を指していると言えるでしょう。

図は英国での農業経営多角化の概念図です。観光（農家民宿など）やスポーツ（釣りや狩猟など）、加工や販売、不動産の貸し出し、作業請負などが含まれています(2)。

9　ヨーロッパ農業の多角化

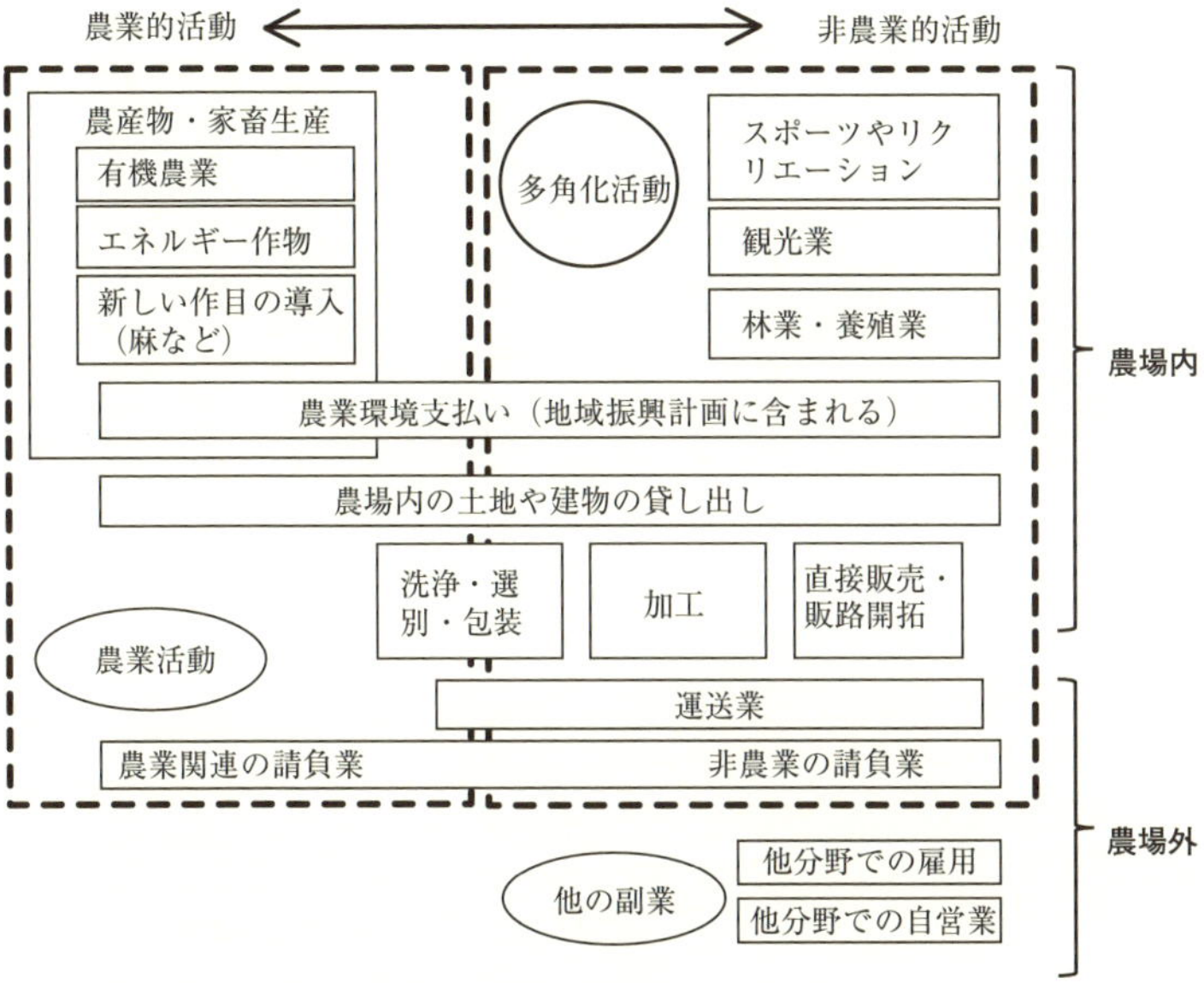

図１　英国での農業経営多角化の概念図

注：英国defra資料をもとに筆者作成。

また、ドイツの２０１３年の調査によると、ドイツでは農家の約３分の１が農家の資源を活用した農産物販売以外の収入源を持っています。その内訳は、49%が再生可能エネルギーの生産、22%が林業、18%が他の農家の作業請負、15%が農産物の直接販売、13%が乗馬関連、9%が観光や民宿経営となっています(3)。

特にＥＵの中小規模農家にとっては、経営の多角化を通じて農業収入を補填する収入源を得る事が、厳しい経営環境を生き残る重要な選択肢となっています。また、経営多角化のために、ＥＵや各国は様々な支援を行っています。

本書では、英国、イタリア、オランダ、ドイツ、ベルギーで農業経営の多角化に取り組む中小規模の農家を取り上げます。ヨーロッパの農業の経営多角化には広範な取り組みが含まれると前述しましたが、本書で紹介する農家においてもその内容は実に多様です。

農家民宿（1章、2章、3章）、農産物加工（2章、4章、5章、6章）、直接販売（4章、5章、6章）、観光・食育（5章、6章）、環境保全型農業・有機農業（2章、3章）、エネルギー生産（6章）、他の経営の作業請負（5章）、建物の活用（3章）、乗馬（1章）、希少種の家畜の飼育（5章）

彼らの多角化の取り組みを、それを支える制度や支援策とともに紹介しようと思います。

注

（1）European Commission（2013）"Rural Development in the European Union: Statistical and Economic Information Report 2013"

（2）defra（2011）"Diversification in Agriculture"

（3）Statistisches Bundesamt のサイトより。https://www.destatis.de/EN/FactsFigures/EconomicSectors/AgricultureForestryFisheries/AgricultureForestryFisheries.html（２０１５年10月20日）

第1章　英国の2軒の農家民宿

ヨーロッパを訪れる機会があった時には、できるだけ農家民宿に泊まるようにしています。とはいっても、どうしても都市に滞在することが多いし、農家民宿に泊まるにはレンタカーが必須であるし、なかなか思い通りにはいかないのですが、２０１４年９月に英国に調査に訪れた際は２軒の農家民宿に泊まることができました。美しい田園の中に建つ優美な英国の農家民宿の背景にあるのは、農業をめぐる環境が厳しくなる中で中小農家が生きていくための経営多角化という選択とそれを支える政策でした。

1　英国南部のブラウンツ・コート・ファーム

世界遺産であるストーンヘンジから北に車で15分、英国南部のウィルト州にあるブラウンツ・コート・ファームは、英国の農家民宿紹介サイト「ファーム・ステイ」に掲載された１０００軒を超える農家民宿の中でも限られた農家民宿のみに与えられる最高のグレード「五つ星」「ゴールド」を持つ農家民宿です。英国の民宿はベッド・アンド・ブレックファストと呼ばれ、宿泊と朝食のみを提供し、夕食は提供しません。これは農家民宿でも同じです。

ブラウンツ・コート・ファームの建物自体は１８００年代中頃に建てられたものです。キャロライン・キャ

ブラウンツ・コート・ファームを営むキャロライン・キャリーさん

リーさんは、1998年にこの住居に隣接した納屋を改造して3部屋を作り、農家民宿を始めました。

さすがにゴールドを持つだけあって、設備もサービスも心配りが行きとどいていました。バスルームはピカピカ、花や彫刻が飾られ、夜にはお茶のために牛乳の入ったポットを持って来てくれました。キャロラインさんは毎年壁を塗り直すなど内装を美しく保つ努力を怠らないそうです。ちなみに一部屋に2人が泊まって、一泊82ポンド（約15000円、部屋当たり）です。16年間この農家民宿経営をしたお陰で、子供2人を大学に通わせることができた、とキャロラインさんは言います。農家民宿をやっていると、色々な人がきて、色々な話ができるのが楽しいと語ってくれました。

一方、農家としてのブラウンツ・コート・ファームは80haの農地を持っていますが、現在は全て隣の農家に貸していますす。キャロラインさんの夫は、隣の家の経営に自家のトラクターを持って雇われる形で農業と関わっているそうです。ま

心配りの行きとどいたブラウンツ・コート・ファームの客室

ブラウンツ・コート・ファームの朝食のしつらえ

ブラウンツ・コート・ファーム
の周辺の農村の様子

ブラウンツ・コート・ファーム
の全景

た、乗馬用の馬を４～５頭飼育しています。以前は全体で２８０haの農地を持ち、酪農を営んでいましたが、12年程前にそのうち２００haの農地が担保にとられたことを契機に、残りの面積では経営はできないと酪農をやめました。キャロラインさんによれば、最近の酪農経営をめぐる環境は特に厳しく、12年前に比べて乳価は下がったのに、飼料、燃料、獣医に掛かる費用などはどれも上がっているそうです。この地域に唯一残っていた酪農経営もこんど廃業するそうで、12年前に辞めていて良かったかもしれない、と言います。

他方で、大規模な経営はますます大規模化しているそうです。隣の農家も、自らの経営規模を拡大するだけでなく、中小規模経営の農作業を請け負うコントラクトファーマーとしても規模を拡げているそうです。その結果、以前農地を区切っていた生け垣などがなくなり、１枚２００haなどという広大な農地ができています。「２００haをトラクターでただ行ったり来たりしているなんて、退屈だと思うわ」とのせりふの中に、大規模経営に押し出された中小規模経営の思いがにじみ出ているように感じました。

2　グリーンフィールド・ファーム

2軒目の農家民宿、グリーンフィールド・ファームは英国の中部の東側、リンカーン州にあります。英国中部の西側はマンチェスターやリバプールといった大都市があり、ウェールズ、チェスターなど観光地も多く、日本人が訪れる機会も多い地域です。しかし、中部の東側はなじみが薄い地域ではないでしょうか。実は英国人にとっても同様であり、「みんな英国の西側を通るよね」などと朝食時に宿泊客同士で笑い合いました。

しかも、グリーンフィールド・ファームは、周辺の小さな町からもさらに離れ、国道から脇道に入って5分も運転した所の、農地のどまん中にあります。9月中旬の観光シーズンも終わった平日、こんな辺鄙な所に滞在する客は我々だけかと思いきや、他に2組滞在しており、朝食のテーブルは満席でした。

前述のブラウンツ・コート・ファームも、このグリーンフィールド・ファームも、朝食のテーブルは大きな丸いダイニングテーブルを5～6人の宿泊客全員で囲みます。自然と客同士が自己紹介し、話し始めることになります。

ブラウンツ・コート・ファームでは、アメリカ人のリタイアしたカップルと、オーストラリア人のビジネスマンと我々日本人2人の5人でテーブルを囲みました。初めての英国観光であちこち回っているというアメリカ人夫婦は、ホテル予約サイトからいくつか候補を探し、サイトで色々と研究し、最後はグーグルマップの写真で周辺の様子も確認してここに決めたそうです。「ここしか無いと思ったの。もう、最高！」と明らかに旅行企画担

夫の農業を民宿経営で支えるジュディ・プライスさん

当だった奥様の弁。オーストラリア人の方は、仕事で英国に1週間滞在中で、当初予約した都市のホテルは高いし居心地が悪い、とここに移ってきたそうです。

グリーンフィールド・ファームの朝食のテーブルも、やはり5人で囲みました。我々以外の3人は全て英国人で、カップルと男性、いずれもリタイア後の旅を楽しんでいました。それぞれ、この農家民宿に5泊、3泊滞在し、周辺にある町や遺跡、ナショナル・トラストの持つ古い建物を訪れたり、遊歩道での散策を楽しんだりしています。夫婦の方は、ナショナル・トラストの永久会員だそうで、「永久会員権を数10年前に買った時には随分高価な買い物だとは思ったけれど、その後、ナショナル・トラストの会費は急速に上がりました。買っておいて良かったですよ」とのことでした。グリーンフィールド・ファームについては、英国の農家民宿専門のサイトである「ファーム・ステイ」で探したそうです。

農家民宿で出されるイングリッシュ・ブレックファスト

朝食のテーブルに並ぶ手作りのジャム

どちらの農家民宿でも、朝食のテーブルには、手作りの煮たフルーツ（この時期はプラムが多い）やジャムが並びます。グリーンフィールド・ファームでは、ジュディ・プライスさんが「リンカーン州はソーセージが有名なのよ」と「卵だけ」と言った私の皿にソーセージを乗せてくれました。

前述したように、英国の農家民宿は夕食を提供しません。しかし、「ここがおいしいわよ」と近隣のいくつかのレストランを紹介してくれ、必要ならば席を予約してくれます。２軒の農家民宿がそれぞれ紹介してくれたレストランは、どれもガイドブックには絶対に出ていないような、小さな村の１軒家のパブだったり、小さな町のレストランだったりしましたが、（英国とは思えないほど）美味しいところでした。

グリーンフィールド・ファームを経営する奥さんのジュディ・プライスさんは、夫の農業経営による収入の足しにと30年前から農家民宿を営んできました。現在、部屋数は３部屋で、それぞれバスルームがついています。農家民宿の中でも非常に評価の高い「四つ星」「ゴールド」を持っています。宿泊代は１部屋に２人が泊まって70ポンド（約１５０００円、部屋当たり）です。

ジュディさんの夫のヒューさんは農家出身ではありませんが、農業がやり

グリーンフィールド・ファームの宿泊客用の居間

たいと、40年前にイングランドの南部のストラトフォードの近くで農業を始めた後、25年前により広い農地を求めてこの地に移ってきました。ヒューさんは現在も160haの農地で小麦、大麦、菜種などを生産しています。これについて、ジュディさんは、

「彼のおもちゃ（=農業）のために30年間農家民宿をやっているのよ。トラクターなんて、一人では一度に1台しか乗れないのに、何台も買うんだから（笑）」と言いつつ、民宿を切り盛りしていました。ジュディさんは、最近、農業倉庫の上に太陽光発電パネルを設置して売電収入も得るようになったそうで、プライス家の経営多角化はジュディさんがしっかりと主導していました。

3　英国の農家民宿経営を支える仕組み

英国で農家民宿に泊まりたいと思ったら、「ファーム・ステイ」（Farm Stay：農家滞在の意味）のサイト（http://www.farmstay.co.uk）から探すことができます。このサイトを運営する英国ファームステイ協会は、1983年に（民営化前の）農業普及組織、イングランド王立農業会議、全国観光協議会、農業者向け雑誌であるファーマーズ・ウィークリーが音頭をとり支援をし、23の地域組織の集まりとして発足した非営利団体です。

グリーンフィールド・ファームの全景

国や地方自治体の観光部局と連携をとりつつ発展し、現在では1000軒以上の農家民宿や農家が経営するキャンプサイトなどが会員になっています。協会は、会員の運営する農家民宿などが一定水準の質を満たしていることが重要だと考えており、会員となっている施設は全国観光協議会の監査を受け、等級が付与されます。

英国ファームステイ協会の活動の目的は、以下の3つとなっています。

・英国での農家ツーリズムの振興

・会員の求める市場開発や販売活動を専門的な技術で支援することにより、会員の事業を発展させること

・農家の経営多角化を通じて農業者の所得向上を支援すること

農業経営の多角化を通じた所得向上は、英国やEUの農業構造政策の柱の1つであり、英国ファームステイ協会の活動は、EUからの農業構造資金の助成の対象となってい

英国ファームステイ協会のロゴマーク（左）と、そのマークのついたチョコレート（ブラウンツ・コート・ファームでお茶菓子に置かれていた）（右）

ます。ここに紹介した2軒の農家も、農場としての規模が小さい中、農家民宿に加えて、乗馬用の馬の飼育、エネルギー生産により、収入を確保しています。

英国で農家調査をしていると「経営多角化」という言葉を非常によく耳にしますが、その意味する内容は非常に多様です。英国農業省（環境食料地域省）によれば、経営多角化には農家民宿などの観光事業、農産物の加工事業、ファームショップなどの販売事業、伝統的な技術の伝承事業（例えば伝統的な石垣の管理方法についての研修会の実施）、工芸品工房の開設、エネルギー作物など新たな農作物の導入、カシミヤ用の羊やチーズ用のヤギなど新たな家畜の導入、養殖業への参入などが含まれます。経営多角化は、中小規模の農家にとっての生き残るための選択肢であるとともに、失業率の高い英国では地域において雇用機会を創出するという点からも重要です。農家の経営多角化に対しては、メニューによっては上述のEUの農業構造政策の資金から助成が得られる他、農業大学校などで必要な技術・知識を得るための様々なコースが用意されています。

ヨーロッパの中では平均農業経営規模が大きく、競争力の強い農業部門を持つことで知られる英国ですが、その競争力は「一世代ごとに農業者は半減している」（ヒュー・プライスさん談）という中で維持されています。しかし、そのような大規模な農家だけで農村の自然や文化は維持できるのでしょうか。民宿を経営しながら維持される農家と、農家民宿があるからこそ訪れる地方の町や遊歩道の意義を体感させてくれた2軒の農家民宿でした。

（ＥＵの農業・農村・環境シリーズ　第32号　２０１４年10月20日掲載）

第2章　イタリアの農家民宿：フェラーラのパオラ・ペドローニさんが選んだ農業経営の多角化

1　フェラーラの農家民宿

イタリアの北部を西から東に流れるポー川は、ヨーロッパ有数の農業地帯を作り、下流は米作地帯としても有名です。ポー川下流のデルタ地帯と併せ世界遺産に登録されているフェラーラは、ベニスの南西約80㎞にあり、ルネサンス期には文化の中心として栄えた古い町です。パオラ・ペドローニさんは、このフェラーラ市から南に12㎞離れた所で２００６年から農家民宿を営んでいます。

２００９年９月下旬に訪れた時、ちょうど周囲のリンゴやナシの農場の収穫が終わりかけている時期でした。とてもおしゃれな外見の民宿の建物に入ると、中はプチホテルという感じの洗練されたラウンジ兼ダイニングの大部屋。中には10の浴室付き寝室と、２つのミニフラット（小さな台所もついた部屋）があります。案内された部屋は、ベッドや浴室のシャワーやトイレのしつらえなど、まさにホテルそのものでした。

パオラさんの農家民宿は、フェラーラ市から農家民宿として認証されています。認証される条件はイタリアの各州によって異なりますが、フェラーラ市の場合、ホテル並みの高い水準の設備が求められるそうです。フェラー

農家民宿の全景

ラ市に認証されている農家民宿は現在30軒。施設の水準に加え、農家民宿として認証されるためには、提供する食事の35％以上が自家の生産物、80％以上が地元の典型的な食材であることが条件になっています。パオラさんの民宿で出された食事も、自家製の小麦で焼いたパンや自家製の野菜、果物、ジャム、地元名産のチーズやワインなどが主体で、それを使った地元料理はとても美味しいものでした。自家農園からの果物を使って作ったジャムを、色とりどりの蓋のついた瓶に入れて、民宿でも販売していました。宿代は2食つきで1人100ユーロ、約1万3000円です。

どのような人がフェラーラの農家民宿に泊まるのでしょうか。フェラーラは、東に行けば夏のバカンス地として人気の高いアドリア海岸、北はアルプス、南はフィレンツェを中心とする観光地であるトスカーナ地方であって、観光地としての競争条件はあまり良いとは思われません。その中で、このような農家民宿に泊まるのは、高名なバカンス地で長期滞在

おしゃれなラウンジとダイニング

自家製の果物で作ったジャムを販売していた

自家製の材料を多用した地元料理が並んだ

するにはお金がかかりすぎると考える小さな子供連れの若い家族や、地元の食材を使った料理や田舎の雰囲気を楽しみに週末などを使って短期間滞在する近郊の都市生活者などだそうです。前者向けには、ポニーの乗馬やウサギなどの小動物と遊べるようにしている民宿も多いそうです。後者向けには、パーティースペースやバーベキューハウスなどを整備しています。パオラさんの民宿では、動物は飼っていませんが、屋内、屋外のプールやジャグジー、セミナーハウス、バーベキュー施設などを設置しつつあります。

2　パオラさんの農業経営の変遷

パオラさんの農業の経営規模は75 ha。農地は6カ所に分かれ、作目は小麦、テンサイ、大豆、アルファルファ、少量の果実などとなっています。このうち20 haについては有機農業により穀物、大豆、菜種を生産しています。民宿経営と併せて、男性2人・女性2人を雇用しており、このうち女性は農家民宿、男性は農業と民宿の両方を担当しています。

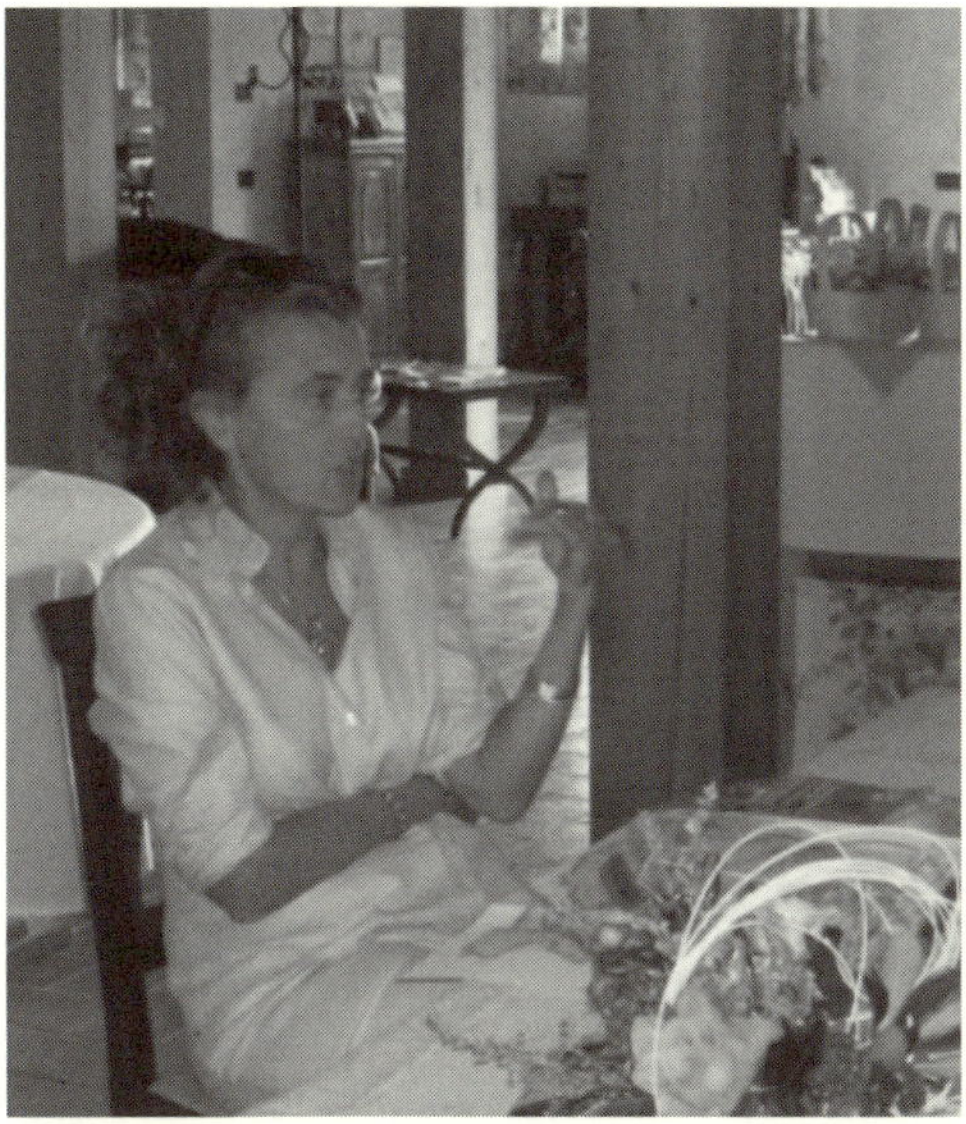

地域の農業や自らの経営について熱心に説明してくれるパオラ・ペドローニさん。ビート生産者団体の会長も務めている

パオラさんは約25年前にこの農場を母親から受け継ぎました。当時は、この地方で一般的だった果実を主体とする集約的な農業を営んでおり、6カ所の農地にはそれぞれ小作農家がいたそうです。75 haの農地で計7軒の家族を支えていたことになります。しかし、果実経営の収益性は急速に悪化し、この地方特有の地主・小作制度も維持できなくなり、より労働力を必要としない小麦や大豆、テンサイなどへの転換が進みました。

しかし、これら耕種作物の収益性も次第に悪化していく中、パウラさんは生き残りの方途としてまず1999年から20haで有機農業を始めました。生産された有機農産物は有機産品の取り扱いに熱心な生協などに販売しています。有機農業はEUから多少の支援を得られるのですが、雑草対策や化学肥料を用いられないことによる窒素不足で、経営的には厳しいとパオラさんは言います。雑草対策と窒素不足対策の両方のため、6年ごとにアルファルファを植えているそうです。

さらに、パウラさんは農家民宿経営を始めることを決めました。直接のきっかけは、2003年にEUが農業の経営多角化への支援策を導入したことです。パウラさんは、農家民宿を経営することによって、農産物価格に左右されない収入源を持つことができると考えました。しかし農家民宿経営はパオラさんにとって未知の分野でしたので、まずは専門の学校に通いました。農家民宿を開設する場合には、一定の研修コースを修了することが条件となっています。6カ所の農地のうち最もフェラーラに近い農地で民宿を営むことにし、大きな納屋を改造して民宿の母屋にしました。隣接してプール、小さなスパ、セミナーハウス、冬期用の屋内プールなどを設置してきており、来春には全体が完成するそうです。このような農業経営の多角化への投資に対し、EUからは総額の40%、上限20万ユーロが助成され、あとは保有していたアパートを売って資金を作りました。しかし、この多額の初期投資を回収するまでにはまだかなりの年月がかかりそうです。

3　中小規模農家の生きる途

パオラさんの営む75haでの穀物主体の経営は、この地方の農業経営規模としてはおそらく小規模なものと言え

パオラさんの民宿の周辺の農村風景（９月）

るでしょう。穀物経営の規模拡大、一部の農場への農地の集中は進んでおり、フェラーラの東部、ポー川の河口近くの排水事業によってできた新しい農地では、１０００ha規模の家族経営や、銀行が経営する５０００haの農場などが出現しているそうです。自ら農機具も保有し採算の合う穀物経営を行うにはせめて２００haは必要だとパオラさんは言い、現にパオラさんの農場でも、機械作業は農作業受託業者に頼んでいます。テンサイを加工する砂糖工場も、数年前までは地域に19もありましたが、今や4工場にまで激減しているそうです。

では、イタリアの中小規模の農家は、今後どのような途を進むのでしょうか。これについて、パオラさんは、中小農家の生き残りの方途は3つあると言いました。

1つは、伝統的な果実生産経営など、人を雇わず家族だけで農業を営むことです。

2つ目は、農業の経営規模拡大を図ることです。これについては、若い農業者に対する助成制度もあります。ただし農地価格は高いので、長期間負債を抱えた状態で経営を行うというリスクを背負うことになります。

3つ目は、農家にとっての新たな売り先を開拓することです。この1つの例は、最近注目が集まっているバイオガス生産などエネルギー分野への進出であり、現にこの地方でも多くの農家がバイオガス、オイル向けの生産に転向したそうです。しかし、この分野はまだ情報は不十分であるし、石油価格に大きく左右されるというリスクを伴います。新規市場開拓の他の例はパオラさんの農家民宿のような観光業や農産物加工などに進出することです。

この3つの選択肢の中から、農家民宿経営を選んだことについて、パオラさんは、

「私は母親から農場を継いだけれど、私の夫や子供は農業とは関係の無い仕事に就いています。農業は自分限りだということから、将来を考えて、農家民宿経営を選びました。子供が農業をやるというならば、農地を買って規模拡大を目指したかもしれないわね」

と言っていました。「イタリア人は自分のやりたいようにやるのよ」とパオラさんは笑っていましたが、私はその中に清々しさとしたたかさを感じたのでした。

(EUの農業・農村・環境シリーズ　第9号　2009年11月11日掲載)

第3章　英国クラーク農場の経営多角化

1　クラーク農場の概要

自分の農場を案内するクラークさん

2009年7月に英国の農業環境政策を調査に行った際泊まった農家民宿のオーナーがジム・クラークさんです。正確には、農家民宿の方は奥様の事業で、クラークさんはもっぱら農業経営担当だそうですが…。

クラークさんの農場は、英国の南部、ロンドンと大学町で有名なオックスフォード市の間にあり、一帯は美しい田園が広がります。クラークさんは先祖がこの地で農業を営んで4代目になるそうです。今や年金を受領する年齢となり、すでに経営の過半は隣接した家に住む息子のジェミーさんに譲っています。英国南部は穀物主体の経営が多いのですが、クラーク農場も同様で、自作地400ha、借地100haの経営の主体は小麦、大麦であり、

肉用牛の放牧の光景

輪作作物として菜種や空豆を作っています。日本の農業経営から比べると500haという経営規模はとてつもなく大きく感じるのですが、英国南部地帯の穀物経営では労働者1人当たり200~300haの規模が必要という感覚です。クラークさん父子とこの農場で働いて55年という常雇の男性1人による穀物専業経営としては決して大規模な経営とはいえないでしょう。

クラーク農場では、穀物の他に、90頭の肉用牛、500頭の羊という畜産経営も併せて行っています。そのため、サイレージ用の飼料用トウモロコシも作っています。

宿泊客である私たちが農業関連の調査に来たと知って、クラークさんは私たちを自分の農場の見学に連れて行ってくれました。4輪駆動の大きな車の荷台に乗り英国の7月のさわやかな風に吹かれての農場見学は、本当に気持ちの良いものでした。

羊が放牧されている草地

まず連れていかれたのは、肉用牛の放牧地。そこで自慢の雄牛を見せていただきました。90頭の牛から毎年85頭の子牛が産まれるそうです。

また、収穫前の小麦畑では、生長コントロールのための収穫前ラウンドアップ散布についての説明を聞きました。

最後に借地で行っている羊の放牧地に行きました。この農地（草地）約100haはロンドンで金融業に携わっている人が所有しています。生物生息地保護の観点から耕作が禁止されている農地であり、そのために羊を飼っているそうです。私たちが車で草地に乗り入れると、100haの草地に広がっている500頭の羊が一斉に走り出します。カウボーイになった気分を味わいました。この借地は少し離れた場所にあるので、わざわざ連れて行ってもらって申し訳ない、と言ったら、「クロス・コンプライアンスで1日1度は見に行かなくてはならないか

水路（左側木立の中）に沿って飼料作物の緩衝帯を設けている

ら、ちょうどいいんだ」とのことでした。

EUからの補助金である単一支払いはどの農家にとっても極めて重要な収入源なのですが、その受給条件として、クロス・コンプライアンスと呼ばれる一連の農業管理を行わなければなりません。クロス・コンプライアンスには、農作業の記帳、生け垣の保護などの環境管理、家畜への耳タグの装着などの家畜の健康管理、動物福祉のための事項などが含まれます。1日1回この草地を見回り、死んだ羊がいないか、病気の発生はないかなどを確認するのは、クロス・コンプライアンスの求める管理事項の1つであり、単一支払いを受ける条件なのです。

2　クラーク農場における環境保全への取り組み

クラークさんは、環境保全的な農業活動に対して助成される農業環境支払い制度のうち、一般的な取り組みを行う「一般事業」に参加しています。一般事業では、あ

生け垣に沿って設けられた4m幅の緩衝帯。野草の花の種を撒いてある

らかじめ提示されている様々な環境保全的取り組みのメニューから選択して取り組むことで、1haあたり年額30ポンドが支払われます。クラーク農場は、この一般事業によって年間約90万円を得ているとのことでした。

クラーク農場での農業環境支払い事業の取り組みの1つは、水源に流入する窒素分を押さえるために、水流に沿った耕地に緩衝帯を設け、そこに肥料吸収の大きい牧草を植えることです。家畜糞尿や窒素肥料など農業に由来する硝酸態窒素がもたらす河川や地下水の汚染は、英国における農業による環境破壊の代表例とも言えます。クラーク農場を流れる小川は、ロンドンを流れるテームズ川につながっており、農業環境支払い事業への参加は、この水流の水質改善に貢献しているわけです。

また、生け垣の中心から4mまでの部分を緩衝帯にし、そこでは農薬や化学肥料を散布せず、鳥や昆虫の餌となる蜜や花粉、あるいは種子や実を豊富に提供する植物の

クラーク農場の自宅兼農家民宿の全景

種を撒いています。

このような農業環境支払い事業を実施する際には、穀物の販売や資材調達で取引している商社から、実施する事業の選択や緩衝帯に用いる種子などについてアドバイス（有料）を受けています。英国の農業者は、さまざまな情報を購入し、最適な経営を行う努力をしているのです。

3　クラーク農場の経営多角化

クラーク農場は、年間の売り上げが約４５００万円という農業経営の傍ら、ロンドンから車で30分程度という地の利を活かし、古い農業用の建物や倉庫を改造して住宅にし、銀行家、医者、弁護士といった裕福な層に販売したり貸したりしています。

英国人はとりわけ自然の中で暮らすことを好み、また、古い建物に高い価値を与えます。都市部の高層アパートは人気が無く、英国人の多くは緑の少ない都心には住み

農家民宿と、自慢の庭に立つクラーク夫人

たがりません。少し余裕が出れば郊外の庭付き一戸建て、もっと裕福になれば田舎の古い建物（設備はもちろん近代的に改築してある）などに住み、休日は庭をいじり、周辺を散歩し、あるいは乗馬をし…特に気候の良い南部の田園地帯は人気があり、住居の価格が高く、結果として若者が農村に住みたくても住めないという社会問題まで引き起こしています。

また、クラークさんは、農機具倉庫の一部を事務所に改築し、中小企業に貸し出すビジネスも始めると言っていました。インターネットが発達し、都市にオフィスを構えなくても良くなった時代のなせる技と言えるでしょう。

これら所有する不動産を活用した事業をクラークさんは「経営の多角化」と呼んでいますが、このような農業での経営多角化は、英国の農業政策の中でも奨励されています。

一方、民宿経営の方はクラークさんに言わせると奥様の「趣味」だそうです。民宿用の3つの部屋と独立したロッジ1つは素敵な家具や置物で飾られ、朝食には自家製の小麦を自ら焼いたパンが出されます。また奥様はガーデニングでも有名だそうで、民宿の横に広がる庭はテレビに放映されたこともあり、「庭の美しい農家民宿」という冊子にも掲載されています。

英国では農村にこそ滞在すべき、とはよく聞きますが、その良さを満喫できたクラーク夫妻の農家民宿でした。

（ＥＵの農業・農村・環境シリーズ　第６号　２００９年９月９日掲載）

第4章　オランダのポルダー（干拓地）の酪農経営

オランダといえば風車を連想する人が多いと思いますが、この風車はもともとポルダー（干拓地）の排水のために作られたものです。今でこそ風車を使って排水することはありませんが、オランダの地域毎に設置されている「水管理委員会」は、今でも1cm単位で干拓地内の水路の水位を管理し、干拓地の農業と環境を守っています。オランダの水管理委員会の仕事と干拓地の農業を紹介しましょう。

1　オランダのポルダーと水管理委員会

オランダは国土の4分の1が海面下にあります。「世界は神が作ったが、オランダはオランダ人が作った」と言われるように、13世紀頃からオランダでは海岸沿いの干潟・湿地などを土手で囲み、その内側を干拓することで、国土を増やしてきました。オランダの水管理委員会の歴史は、中世の時代に、洪水を防ぎ、土手を管理し、水量や水位を管理するために作られた地域の自治組織までさかのぼります。干拓地の排水の動力源は風車から蒸気システム、ディーゼルエンジン、電気へと変遷してきましたが、水管理委員会の基本的な役割は変わっていません。水管理委員会がオランダにおいていかに大切かということは、オランダの地方レベルでは地方議会と水委

世界遺産に登録されている、オランダ・キンデルダイクの水車群

員会が別個に存在し、水管理委員会は独自の徴税制度を持っていることからも分かると思います。

世界遺産に登録されている有名なキンデルダイクの風車群一帯を管轄しているリヴェーレンランド水管理委員会で、彼らの仕事について話してもらいました。

オランダには以前は3000を超える水管理委員会がありましたが、統合を繰り返し、2014年現在では24の委員会が、水系やポルダーに合わせて設置されています。リヴェーレンランド水管理委員会は、東はドイツ国境から西はロッテルダムに近いキンデルダイクまでの広大なライン川、マース川の三角州地帯を管轄しており、そこに住む95万人の生活を守っています。

水管理委員会の主要な仕事は排水による干拓地の水位の調節であり、特に秋から冬にかけては雨が多いので排水が必要だそうです。例えば、川の上流でどれくらい雨が降ったかによって、下流にある運河の水位の変化が予

リヴェーレンランド水管理委員会の事務所からのキンデルダイクの眺め。２つの水系（水路）の水位の違いが分かります

想できます。数cm単位で水位を調整しています。

干拓地の土壌はピート質であり、乾燥させると分解が進んで干拓地が沈むことになります。一方水分が多すぎると、膨れて上を歩けないほどになるそうです。ちょうど良い水位を維持しなくてはなりません。また、農家は水位が低い方を好み、環境保全団体は水位を高くしたがります。双方の妥協点として、現在は地面と水面との差を60～70cmに設定しており、夏と冬とで水位を変えています。こうしたことは、水管理委員会の理事を中心に民主的な話し合いで決められ、10年に1回の頻度で、全体の水位水準の見直しを行っているそうです。農業者のみならず、干拓地で木の杭の上に立てられた住宅に住む住人全てにとって、排水と水位の維持は生活の要であり、自治の精神が今も水管理委員会を動かしています。

2　干拓地で酪農を営むボーイェ農場

ポルダーの農地は、当然ながら地下水位が高いので、穀物を作るにはあまり適していません。そのため、ポルダーは昔から草地として利

ボーイェ農場前の放牧風景。遠方に風車がみえる

用されており、酪農地帯となっています。ここに紹介するボーイェ農場も、キンデルダイクから車で4分程度の干拓地で酪農を営んでいます。

ボーイェ農場の経営する農地面積は70ha（うち自作地40ha、借地30ha）であり、乳牛の頭数は130頭です。今の経営主の父親が40年前にここで酪農を始めました。現在は、経営主から息子に経営移譲を進めているところです。経営移譲とは、実際の価値よりも低い価格で後継者が農場を徐々に買い取るプロセスのことだそうです。

ボーイェ農場では、牛の餌は自給しています。トウモロコシは、ポルダー上の低地では生産できないので、農場から13㎞離れた所の農地を借りて生産しているそうです。子牛については、息子が人工授精士の資格を持っており、自ら人工授精し、産まれた子牛は2週間カウハッチで育てた後、雄は雄の専門業者に売っています。

オランダでは、集約的な酪農経営が出す糞尿による水

搾乳設備を説明するベッツィーさん

質汚染問題が深刻になっており、糞尿処理方法や家畜の飼養密度などには厳しい規制がかけられています。ボーイェ農場で出る家畜の糞尿は、2月末から8月末までは草地に散布し、冬の3ヶ月間は耕種農家にお金を払って持って行ってもらっています。この際、政府に対して、糞尿が引き取られたことの証明書を出す必要があり、糞尿についての記録を維持することが求められています。また、牛の飼養密度が高い場合には、5年毎に土壌分析のサンプルを出す必要があるそうです。

このボーイェ農場の特徴は独自の加工・販売の取組にあります。EU内の酪農は生産過剰・需要減退・小売業の大型化に伴う手取り価格の低迷により全般的に厳しい状況が続いています。これに対し、ボーイェ農場のベッツィー夫人は、牛乳の加工・直接販売に取り組むことで、農場の収益を向上させることに成功しています。ちなみにベッツィーさんは水管理委員会の30人の理事の一人で

ボーイェ農場の施設

もあります。

加工・販売事業を始めるきっかけは、娘の1人が食品加工に興味があり、農場でできた牛乳を使ってチーズ作りを始めたことでした。チーズの熟成期間は2週間から2年まで、さらに色々なハーブを使うなどして、多数の種類のチーズを作っています。ベッツィーさんによれば、手作りのチーズは食べた後に味がいつまでも口に残ると評価が高いそうです。牛が春になって草を食べ始めた時の牛乳から作るチーズは、フレッシュ・グラス・チーズと呼ばれて、独特の美味しさがあり特に人気が高いそうです。

ベッツィーさんはこの手作りチーズの販売のために、農場の一角を直売所として改装するとともに、地域の農業生産者とともに販売のため新しい販売組合を作りました。「緑の心」を意味する名前のついたこの組合を構成するのは、ジャガイモ、トウモロコシ、リンゴ、花、チーズ、

ボーイェ農場で熟成中の色々なチーズ

ヨーグルト、バターなどを作る28人の生産者であり、宅配を中心とする共同販売に取り組んでいます。「緑の心」組合は事務所を持たず、事務と配送に年配の男性と女性1人ずつを雇っているだけなので、管理、運送、販売促進にかかる費用は価格の3割程度ですんでいるそうです。

ボーイェ農場で作られたチーズは週3回のこの販売組合を通じて販売する他、地元のスーパーが地産地消コーナーを設けて組合員の生産物を売っています。ボーイェ農場の直売所は、組合のアンテナショップ的な役割を果たしており、ボーイェ農場のチーズだけではなく、近隣の農場の生産物や加工品も販売しています。

ベッツィーさんによれば、販売のターゲットは50代を少し過ぎた世代と、子供のいる若い世代だそうです。若い世代については、週末などに牧場に来て過ごしてもらうことが、チーズを購入するきっかけとなります。そのため、ボーイェ農場では、年1回、9月の土曜日を選んで、

ボーイェ農場の店舗の内側

ボーイェ農場の店舗の概観

牧場を開放しています。当日は、コーヒーやケーキなどを無料で提供し、農場を楽しんでもらっているそうです。

２０１４年9月にこの農場を訪れた時、「緑の心」では、大都市であるロッテルダムに新しい店舗を設置することを計画中でした。ロッテルダム市内の中心部に、古い建物の外観を維持したまま再開発をしている地区があり、当面の賃料に対する公的な支援も受けつつ、12月からそこに店舗用の場所を借りることになっていました。ベッツィーさんは、「これから人を雇ったり、将来の賃料を考えなくてはいけなくなる」としつつも、「これが組合の次のステップになる」と期待していました。

日本では先進的な温室経営などばかりが注目されるオランダ農業ですが、一方でこのように伝統的な手作りのチーズの加工・販売を通じて、農業経営を発展させようとする小さな農家もいます。ベッツィーさんの熱のこもった説明は、小さな農家でもやり方次第で様々な可能性があるのだということを、改めて感じさせてくれました。

（ＥＵの農業・農村・環境シリーズ　第30号　掲載）

第5章　条件不利地域の農業を守る：ドイツのアルム酪農

「アルプスの少女ハイジ」をたいていの方は知っていると思いますが、そこには、夏の間、アルプスの山の上で牛を飼って暮らすハイジのおじいさんが出てきます。このハイジの物語の農業が今も続けられていることをご存じでしょうか。ドイツの南の大都市ミュンヘンから南に50㎞、南バイエルン州ミースバッハ地区はオーストリアとの国境に近いアルプス地帯ですが、そこではハイジの物語の農業である「アルム酪農」が営まれており、この伝統的な農業を守るためにEUやドイツ政府、地元の自治体が様々な支援をしています。

アルム酪農とは、アルプス地方で夏の間だけ牛（子牛が主体）を高地にある草地で放牧する酪農のことです。山の高い所にある草地をアルムと呼びます。放牧期間は5月から9月頃であり、私たちがミースバッハを訪れた9月下旬は、牛をアルムに放っている最後の時期でした。案内してくれたミースバッハの地区事務所のスタッフは、山の中腹に車をとめ、登山靴に履き替えて、放牧地となっている山の斜面を登って行きます。所々で牛に会います。30分ほど登った所、標高１１６３ｍのアルム用の小屋でカタリーナ・ケルンさんは待っていました。

カタリーナ・ケルンさんは、ここで夫と酪農を営んでいます。

カタリーナさんの一家は少なくとも１１８０年から、８００年以上ここで農業を営んでおり、アルム用の小屋は４００年前に建てられたものです。普段は谷底の集落に住んでいますが、夏の間はこのアルム酪農用の家に通

山の中腹にアルム酪農用の小屋が見えるミースバッハの山岳風景

います。農地面積は87 haでうち草地が74 ha、あとは森林となっています。一番下の草地から上の草地までの高度差は1400mもあります。

アルム酪農期間中は牧童を雇うのが一般的です。牧童は山の高い所に設けられたアルム用の小屋で寝泊まりし、高地にある草地をまわって家畜の世話をします。ケルンさんの所の牧童は革の半ズボンをはき、山岳帽の下に豊かなヒゲを蓄え、いかにもベテランとの風貌でしたが、まだ牧童歴数年とのことでした。

アルム農業は、酪農家にとって夏の間山の上の豊富な草を利用するとともに、丈夫な子牛を育てるというメリットがあります。アルム酪農で生産される牛乳は、オメガアミノ酸が多く品質的にも優れています。一方、アルム酪農が営まれていることにより、草地が維持・管理され、この草地がアルプスの山々の美しい景観を作り、観光客を惹き付けます。草地は冬はスキー場となります。山の上から下ま

左：築400年のアルム小屋、右：牧童のおじさん

で管理されていることで、雪崩や土壌流失の防止といった役割も果たしています。アルム酪農がこのように多様な役割を果たしていることに対し、EUやドイツ政府、バイエルン州政府は酪農家に多額の所得補償を行い、アルム酪農の維持を図っています。

カタリーナさんの酪農経営は搾乳牛12頭、育成牛5頭と小さく、経営の重点は搾乳よりも子牛の生産にあります。この他、夏の間乳牛45～50頭、馬10頭の放牧を預託されています。こちらは、100日間放牧することで1シーズンに1頭当たり65ユーロ（約9000円）を得ています。絞った牛乳は、毎日谷底まで運び、そこで業者が回収に来ます。

多様な助成制度の対象となっているとはいえ、このような中小規模の農業の経営が苦しいことは世界共通の課題です。規模が小さくても農業経営を続け、伝統的な農業を次世代に伝えるために、カタリーナさんは様々な努力をしています。カタリーナさんの取り組みの1つは、町の子供たちを対象としたアルム農業体験プログラムを実施することです。6～7月の時期にミュンヘンなどの小学校の1～4年生を対象にアルム農業を体験してもらいます。たいていは2クラスが合同で日帰りで訪れ、

アルム小屋と周囲で放牧されている牛達

乳搾り、草刈り、バターとチーズ作りを行います。バターやチーズ作りの体験のために、カタリーナさんは自分たちのアルム用の小屋の隣にあった使われなくなったアルム用の小屋を買い取り、バターやチーズの加工用の道具を置き、トイレや子供たちが座れる場所をしつらえました。「子供達にアルム農業の厳しい現実をみせることが大切です」とカタリーナさんは言います。

また、カタリーナさんは、自らチーズとバターを作り、消費者に直接販売しています。アルムの牛乳にはオメガアミノ酸が多いのですが、多くの農場から出荷された生乳を混ぜて作られた牛乳ではその特徴が活かせません。アルムの牛乳で作ったチーズやバターならば、その点を強調することができるとカタリーナさんは言います。アルム小屋の地下室は常時11度の気温が保たれ、チーズの熟成にはちょうど良い環境です。チーズやバターの売り先は口コミで確保しています。体験プログラムに参加した子供たちが家に帰って「あのチーズおいしかったよ」と家族に伝えることが、最大のPRとなっているようです。

さらにカタリーナさんは、地域特有で希少な乳牛種の保護に取り組んでいます。バイエルン州では、アルム農業を守るために、EUやドイツ政府の政策に加えてKULAPと呼ばれる独自の農業環境政策を持っていますが、希少な乳牛種の保護はこの政策による補助の対象メニューの1つです。

カタリーナさんは今、食農教育、食品加工、環境保護といったこれらの取り組みを近隣の11集落55世帯でまとまって行うことで、EUの地域プロジェクト（RDP）として採択されることを目指しています。このプロジェクトの対象になれば、例えば体験プログラム用にトイレを設置するための費用に対し助成を受けることができるようになるそうです。地域プロジェクトとして採択されるには、他の申請との競争を勝ち抜かなくてはならないのですが、中小農家がまとまって地域の伝統的な農業の維持に取り組む内容を評価してもらえればとカタリーナさんは期待していました。

アルム小屋の地下室でカタリーナさんと熟成中のチーズ

カタリーナさんによれば、このあたりでは農業をやりたいという若者は多いのですが、経営の不安定性や小規模という条件のもとで経営がうまくいくかどうか不安で

アルム小屋の中の昔ながらの搾乳場。とても清潔に使われている。

あることから、踏み出せない若者も多いそうです。現に、昨今のEU全体としての牛乳の価格の急落は、カタリーナさんを含むこの地域のアルム酪農家全体に大きな打撃を与えています。しかし、カタリーナさんの長男は、農業を継ぐと決めているそうです。息子の決断について、

「私達は1000年近くここで農業をやっています。伝統を引き継ぐ意志は、自ら芽生えてくるものです」

と自信あふれる様子で話してくれたのが印象的でした。

その上で、

「現在の小さい規模のままアルム農業を続けるためには、消費者の意識がかわらないといけません。そのような政策を求めます」

と強調していました。

アルプス特有の農業活動だけではなく、加工や消費者への働きかけまで含めた多様な自助努力、それを支える国や地方の様々な支援プログラムを通じて、長い歴史を持つド

チーズとバターと…。バターがとても濃厚！おいしい！

イツのアルム農業は維持されています。この地域の地区事務所の担当者の話では、農村での深刻な過疎といった問題も今のところ起こっていないようでした。しかし、この伝統的な農業を今後将来に引き継ぐためには、消費者側にアルム農業を支えようという意志と行動が求められていることをひしひしと感じました。

（ＥＵの農業・農村・環境シリーズ　第11号　２０１０年１月15日掲載）

第6章　ベルギーの若手酪農家の挑戦

30歳になったばかりのクリス・ステンヒュィセさんが営む農場は、ベルギーの首都ブリュッセルから西へ約50kmのベルゼーケ村にあります。このあたりはフランドル地方と呼ばれ、豊かな土壌に恵まれたなだらかな平野が広がり、酪農や近郊農業など集約的な農業が営まれています。クリスさんは、6年前に父親の酪農経営を引き継いでから、加工や農場体験、エネルギーの自給などに着手し、乳価の低迷にあえぐヨーロッパの酪農業の中で生き抜ける経営作りに取り組んでいます。

クリスさんの農場の体験コースのテーマは、「子牛からアイスクリームまで」。私達も、産まれたばかりの子牛の小屋からアイスクリームを売るショップまで順番に回りながらクリスさんの説明を聞きました。

1　クリスさんの経営の概要

クリスさんの農場は酪農が主ですが、ほかに、ビート、ジャガイモ、小麦を生産しています。農地60haは全て自作地で、10haでジャガイモ、10haで小麦、4haでビート、20haでトウモロコシを生産し、その他は草地となっています。ベルギーの農場当たりの農地面積は50～200ha層が最も多く、クリスさんの農場は標準的な規模だ

クリスさんの農場の放牧地

と言えるでしょう。乳牛の飼養頭数は約60頭で、私達が訪問した時には、農場には乳牛67頭、子牛143頭がいました。

生乳は、農場でアイスクリームやバターなどに加工する以外は、オランダの大手乳業協同組合企業であるカンピーノ社に売っています。農場のショップには、屋内に60人、テラスに140人分の席があり、ここで自家製のアイスクリームやヨーグルトなどを販売しています。毎週日曜日は農場の公開日にしているほか、週2組程度のグループツアーを受け入れており、これも貴重な収入源となっています。夏休み中の「子牛からアイスクリームまで」という学習向け企画は好評だったそうです。

この農場の経営を、クリスさんは奥さんと二人で営んでいます。といっても、クリスさんの奥さんは別に仕事を持っており、主に週末に店の販売を担当しています。隣に住むクリスさんの両親はすでに年金生活に入っていますが、父

子牛のコーナーを案内するクリスさん

親はトラクターの運転、母親は平日の店番などでクリスさんを手伝ってくれます。さらに夏の間だけショップのための学生アルバイト1名を雇っていますが、クリスさんが1人で農業生産や加工・体験事業の多くを担当していることになります。このように少ない労働力で酪農経営から加工・販売・体験までを行うことを可能にしているのは、労働集約的といわれる酪農部門がクリスさんの農場では極めて自動化されているからです。

2　自動化の進んだ酪農部門

クリスさんは全自動搾乳ロボットを2台使っています。私達が訪れた日は良い天気で、牛達は皆戸外に出ていましたが、そのうちに1頭だけ畜舎に戻ってきました。牛の足にはセンサーがついており、何時間外にいたか、いつ搾乳するかをコンピュータが判断し、それに応じて「搾乳する」「また外に出す」「食べさせる」という異なるゲートを開け

クリスさんの農場の全自動搾乳機

て牛を誘導します。この牛は、「また外に出す」と誘導されたようで、すぐに畜舎から出て行きました。「搾乳する」というゲートの先には、全自動搾乳ロボットがあり、そこに入った牛は搾乳後にまたゲートの開閉に誘導されて畜舎にもどるのですが、この間一切人手はかからないようになっています。

クリスさんが使っている全自動搾乳ロボットは、英国製の「FULLWOOD MERLIN 225」という機種で、クリスさんに言わせると「搾乳ロボットのメルセデス・ベンツだ」という高性能機種だそうです。搾乳は1日3回で、1台のロボットで約60頭に対応できます。クリスさんは、2008年に1台目のロボットを購入し、2台目は1週間前に導入したばかりでした。ロボットの価格は、1台目は冷却タンク、コンピュータがついて約1400万円、2台目は周辺機器が無いので1100万円でした。非常に故障が少ないそうで、導入以来これまでに機械異常を告げるアラームが鳴ったのは3回だけだそうです。ロボットの維持管理については、メーカーが年4回メンテナンスに来ます。その時にやり方を見、部品のストックも持ち、クリスさん自身でできるメンテナ

牛の出入りが自動化されている畜舎

ンスは自らやるようにすることで、メンテナンス費用を節約しています。

この搾乳ロボットの導入によって、クリスさんは加工・販売・体験にもっと力を注げるようになりました。以前は、「搾乳中なのでお店を閉めます」と立て札を置いて店を閉めなくてはならなかったそうです。このような全自動搾乳ロボットは、この近辺の酪農家にもかなり浸透しており、地域で150台くらいあるそうです。この搾乳の自動化に加えて、フランダース地方では畜舎のフロアを自動的に掃除する別のロボットを開発しているところであり、これから普及していくだろうとのことでした。

3　クリスさんの経営の今後の展開方向

「小さい頃から農業をするつもりだった。農業は他の仕事より得るものが多いと思う」と語るクリスさんは、2004年に父親から農場を買い取り、経営を引き継ぎま

クリスさんのショップの中庭

した。同時にアイスクリーム加工を始め、２００８年には新たに牛舎を建てました。施設や機械に必要な資金は、ＫＢＣ銀行の農家向けローンで約５３００万円を借り入れました。利息は年３％で借入期間は15年となっています。特に加工部門を経営の中に導入したことで、２００８年のＥＵ域内での乳価の低迷時も切り抜けることができたと言います。

このような積極的な投資を行う一方、クリスさんはコスト削減のためのさまざまな取り組みも行っています。畜舎の屋根を使った太陽光発電装置と蓄電池を備え、必要とする電力の半分を自給しており、雨水は全て集めて浄化して使い、トラクターの修理などは自分で行っています。飼料は子牛用のペレット餌を購入する以外は自給しており、エネルギーも含めて自給自足的な経営を目指しているそうです。農地については、現在は面積的に余裕があるのですが、乳牛を将来は１２０頭規模に増やそうとしており、その場合は農地も購入する必要があると考えているようでした。この地域の農地価格がha当たり250～500万円かかることが課題だとクリスさんは言っていました。

クリスさんの農場のショップでは、奥さんのお母さんが作ったケーキ類やトマトも売っており、いかにも家族総出で営むお店の雰囲気がありました。私達が訪れた日はお天気に恵まれ、10種もあるアイスクリームがひときわ美味しく感じられました。資材やエネルギー、労働力の「自給自足」の中で経営の「六次産業化」を進める意欲的な若手農業者クリスさんの今後の発展を期待しています。

（EUの農業・農村・環境シリーズ　第19号　2012年1月18日掲載）

おわりに：中小規模農家の選択肢とそれを支える政策

本書の第2章で紹介したパオラ・ペドローニさんは、中小農家の生き残りの方途は「家族だけで自給的な経営を営む。経営規模の拡大を図る。経営の多角化で他の収入源を持つ」という3つであると言いました。本書で紹介した6軒の農家は、その3番目の多角化に取り組んでいますが、第6章のベルギーのクリスさんのように同時に経営規模の拡大を目指す農家も多くいます。

紹介した農家のほとんどは、経営の多角化として複数の取り組みを行っており、多角化による収入が農産物の市場や業者への販売を上回っていると思われる事例もありました。日本でも今後の農家が目指す経営のあり方として、規模拡大を図る以外にも、複数の収入の柱を持つ複合経営という選択肢があるのではないでしょうか。例えば、2種の農作物を生産する他、加工・直接販売、作業請負、太陽光パネル設置などによるエネルギーの販売、食育や民宿など、3種の多角化事業を行い、それぞれから100万円の売り上げを得れば、500万円の売り上げを持つ農家経営になります。このような多角化の取り組みは、地域の他産業への波及効果や雇用機会の創出という効果ももたらすことができるでしょう。

最後に、本書で紹介した取り組みから、特に日本の農業の今後の多角化の参考になると思われる2点を指摘しておきたいと思います。1つは多角化への支援策のあり方であり、2つ目は多角化を成功させるための地域全体としての環境整備についてです。

ＥＵの共通農業政策の中心となる単一支払い（２０１４年からは基礎支払い）は、これまでの生産実績や経営農地面積に応じた直接支払いであり、ＥＵの農家の経営にとっては不可欠ともいうべき補助金です。この直接支払いは、中小規模農家も対象ですが、経営規模が大きいほど受給額も多くなり、大規模経営に有利な制度であると言えます。これに対し、２０１４年からは、基礎支払いの中に中小規模農家向けの財源を加盟国の判断で確保することができるようになりました。また、条件不利地域対策（5章で紹介）、農業環境支払い（3章）、有機農業への支援（2章）などは、ＥＵと加盟国からの財源により取り組まれています。中山間地域など条件不利地域の農業や有機農業は中小規模農家の比率が高く、これらの政策は中小規模農家の多角化の取り組みに貢献しています。このようなＥＵ全体としての政策に加え、注目したいのは、本書で紹介してきた事例にみられる、よりきめ細やかな中小農家の経営の多角化のための公的支援です。

1章、2章、3章では農家民宿に取り組んでいる農家の事例を取り上げましたが、例えば2章のイタリアのフェラーラ市では、農家民宿として認証するために、設備規準や自家・地元の食材の使用比率を厳しく決めています。1章の英国の場合には、公的資金援助も得ているファームステイ協会が会員である農家民宿を監査し、グレードをつけていました。同時にこのようにして認証・評価された農家民宿は、フェラーラ市の観光案内やファームステイ協会のサイトを通じて、その特徴などとともに紹介されることで、顧客を得ています。このような支援は、農家民宿と他の宿泊施設との差別化をはかり、農家民宿に対する顧客の信頼を得るという効果をもたらしているといえます。また、4章のオランダの販売組合に対して、ロッテルダム市は再開発地域での出店に対し時限付きで賃料を支援しています。さらに、加工や農家民宿など経営の多角化に取り組む農家に対し、技術や経営についての研修機会が提供されています。経営多角化のために導入した様々な事業においても、取り組む農家は高水準の商品やサービスを提供できるようになることが事業の成功の鍵であり、そのための支援が行われていると感じました。

もう1つの点として、多角化に取り組むための地域全体としての環境整備の必要性です。例えば1章で紹介した英国の農家民宿は、夕食を出しません。日本の農家民宿の経営において、夕食の提供が特に農家の女性の負担になっているという現状からみると、朝食のみ提供するというやり方は合理的に思えます。しかし、夕食を提供しない場合には、近隣に農家民宿に好んで宿泊するような客が満足するような夕食を提供する場所が必要です。英国では、農家民宿がそのようなレストランを紹介してくれました。日本でしたら、地元産の農産物を使う農家レストランなどがあればと思います。さらに、農村での滞在客が地域を楽しむ環境も必要です。英国でみられた遊歩道の整備やその案内パンフレットの作成、地域全体の景観保全の取り組みがあってこそ、客を惹き付けるのだと思います。日本での六次産業化や農家民宿などの取り組みは、ややもすると個々の農家や特定のグループががんばることになります。しかし、個別の中小農家による多角化への取り組みのみならず、地域の様々な関係者が協力して地域全体としての計画づくりや連携した取り組みを行うことで、農家の経営多角化自体が成果を出しやすくなるだけではなく、地域全体の振興につながるのではないでしょうか。

【著者略歴】

市田 知子 ［いちだ ともこ］巻頭言

〔略歴〕

明治大学農学部食料環境政策学科教授。1960年、東京都生まれ

農林水産省農林水産政策研究所を経て、2006年より現職。東京大学大学院博士（農学）。専門は農村社会学、EUおよびドイツの農業・農村政策。

〔主要著書〕

『EU条件不利地域における農政展開―ドイツを中心に―』農山漁村文化協会（2004年）、『復興から地域循環型社会の構築へ―農業・農村の持続可能な発展―』農林統計出版（2013年）共著

和泉 真理 ［いずみ まり］

〔略歴〕

一般社団法人JC総研客員研究員。1960年、東京都生まれ。

東北大学農学部卒業。英国オックスフォード大学修士課程修了。農林水産省勤務をへて現職。

〔主要著書〕

『食料消費の変動分析』農山漁村文化協会（2010年）共著、『農業の新人革命』農山漁村文化協会（2012年）共著、『英国の農業環境政策と生物多様性』筑波書房（2013年）共著。

JC総研ブックレット No.15

ヨーロッパ農業の多角化

それを支える地域と制度

2016年1月22日　第1版第1刷発行

著　者 ◆ 和泉 真理
監修者 ◆ 市田 知子
発行人 ◆ 鶴見 治彦
発行所 ◆ 筑波書房
東京都新宿区神楽坂2-19 銀鈴会館 〒162-0825
☎03-3267-8599
郵便振替 00150-3-39715
http://www.tsukuba-shobo.co.jp

定価は表紙に表示してあります。
印刷・製本＝平河工業社
ISBN978-4-8119-0477-1　C0036

「JC総研ブックレット」刊行のことば

筑波書房は、人類が遺した文化を、出版という活動を通して後世に伝え、人類がそれを享受することを願って活動しております。1979年4月の創立以来、このような信条のもとに食料、環境、生活など農業にかかわる書籍の出版に心がけて参りました。

20世紀は、戦争や恐慌など不幸な事態が繰り返されましたが、60億人を超える世界の人々のうち8億人以上が、飢餓の状況におかれていることも人類の課題となっています。筑波書房はこうした課題に正面から立ち向います。

グローバル化する現代社会は、強者と弱者の格差がいっそう拡大し、不平等をさらに広めています。食料、農業、そして地域の問題も容易に解決できないことが山積みです。そうした意味から弊社は、従来の農業書を中心としながらも、さらに生活文化の発展に欠かせない諸問題をブックレットというかたちで、わかりやすく、読者が手にとりやすい価格で刊行することと致しました。

この「JC総研ブックレットシリーズ」もその一環として、位置づけるものです。

課題解決をめざし、本シリーズが永きにわたり続くよう、読者、筆者、関係者のご理解とご支援を心からお願い申し上げます。

2014年2月

筑波書房

JC総研［JCそうけん］

JC（Japan-Cooperativeの略）総研は、JAグループを中心に4つの研究機関が統合したシンクタンク（2013年4月「社団法人JC総研」から「一般社団法人JC総研」へ移行）。JA団体の他、漁協・森林組合・生協など協同組合が主要な構成員。

（URL：http://www.jc-so-ken.or.jp）